Virtyt Lesha

Sobre multimédia e cultura digital

Virtyt Lesha

Sobre multimédia e cultura digital

Caso da Albânia

ScienciaScripts

Cover image: www.ingimage.com

This book is a translation from the original published under ISBN 978-3-659-86520-6.

Publisher:
Sciencia Scripts
is a trademark of
Dodo Books Indian Ocean Ltd. and OmniScriptum S.R.L publishing group

120 High Road, East Finchley, London, N2 9ED, United Kingdom
Str. Armeneasca 28/1, office 1, Chisinau MD-2012, Republic of Moldova, Europe
Managing Directors: Ieva Konstantinova, Victoria Ursu
info@omniscriptum.com

Printed at: see last page
ISBN: 978-620-8-53576-6

O índice

Prefácio

Este estudo inclui duas partes que tratam da questão da penetração da cultura multimédia e digital na Albânia.

Neste primeiro capítulo, discutimos alguns conceitos da utilização do multimédia na educação como uma inovação nos meios utilizados para melhorar o ensino e a aprendizagem. Foi também elaborada uma análise comparativa sobre a tendência de utilização dos multimédia na Albânia. Os inquéritos realizados neste documento destinam-se a fornecer resultados quantitativos sobre o nível de utilização dos recursos multimédia no ensino e na aprendizagem

O estudo apresentado neste capítulo está estruturado com base na amostragem através da aplicação de dois questionários a um grupo populacional. Consideramos que o alvo destes questionários é variável em termos de nível de ensino, uma vez que o objetivo é obter um extrato que reflicta cada vez mais a realidade da informação fornecida na Albânia sobre recursos em linha e multimédia no ensino e na aprendizagem.

Finalmente, parte do modelo é a hipótese que fornece informações sobre a tendência na Europa relativamente à utilização de multimédia e seus compostos, tais como a utilização de equipamento eletrónico de processamento de dados digitais, a utilização de blogues, etc. Além disso, apresentaremos os resultados e as tendências que os resultados obtidos apresentam no questionário.

No segundo capítulo, discutimos alguns conceitos sobre a utilização da cultura digital em geral e, especialmente, na educação, como uma inovação nos meios utilizados para melhorar o ensino e a aprendizagem.

Os inquéritos realizados no presente documento têm por objetivo fornecer resultados quantitativos sobre o nível de utilização dos recursos da cultura digital no ensino e na aprendizagem

O estudo apresentado neste artigo está estruturado com base na conceção de um questionário através do software online Qualtrics. Os meios metodológicos consistem na criação de 75 questões dirigidas a 64 pessoas no intervalo de 1st de novembro de

2015 a 30^{d} de novembro de 2015. Consideramos que o alvo destes questionários é variável em termos de nível de educação, uma vez que o objetivo é obter um extrato que reflicta cada vez mais a realidade da informação fornecida na Albânia sobre os recursos da cultura digital no ensino e na aprendizagem. Por fim, apresentámos os resultados específicos desta abordagem e apresentámos os respectivos comentários.

Capítulo 1 - A tendência de penetração do multimédia na educação

1.1 Introdução

Multimédia refere-se a uma plataforma de comunicação que utiliza uma combinação de diferentes formas de influência das pessoas na obtenção de informação. De facto, isto é um pouco contrário aos meios de comunicação que utilizam apresentações baseadas em computador, tais como texto ou formas tradicionais que consistem em informação impressa. O multimédia inclui uma combinação de texto, som, imagens, animações ou uma interação de tais formas (Andresen, B & van den Brink, K. 2013, p. 21).

Normalmente, os multimédia são gravados, reproduzidos ou acedidos a partir de dispositivos que elaboram o conteúdo da informação. Trata-se de dispositivos electrónicos e, além disso, podem também ser uma plataforma em direto. O multimédia distingue-se dos meios mistos pelo elemento essencial que consiste na inclusão da arte. O termo "rich media" é também um sinónimo de multimédia interativo. Também o termo hipermédia é considerado uma aplicação especial de multimédia.

Na educação, o multimédia é utilizado para produzir ambientes de formação baseados em redes de transmissão de dados ou também conhecidos como CBT (Computer-Based Training). Constitui igualmente uma oportunidade de acesso a materiais em linha. Um CBT permite aos utilizadores ir além de uma série de apresentações, textos de qualquer matéria específica e ilustrações de diferentes formatos de informação. Por exemplo, cientistas de diferentes áreas de estudo utilizam o multimédia em simulações informáticas concebidas para resolver diferentes problemas (Alessi, S., & Trollip, S. 2000, p. 43).

A teoria da aprendizagem conheceu, na última década, uma grande expansão devido à introdução do multimédia. Desenvolveu-se uma série de linhas de investigação. Consequentemente, as oportunidades de ensino e aprendizagem são teoricamente infinitas a partir desta ocasião.

1.2 O modelo de observações

Os inquéritos realizados no presente documento destinam-se a fornecer resultados quantitativos do nível de utilização dos recursos multimédia no ensino e na aprendizagem. Com base nos resultados, é possível apresentar as vantagens e desvantagens que surgem no caso da implementação na Albânia.

O estudo apresentado neste documento está estruturado com base na amostragem através da aplicação de dois questionários a um grupo populacional. Consideramos que o alvo destes questionários é variável em termos de nível de educação, uma vez que o objetivo é obter um extrato que reflicta cada vez mais a realidade da informação fornecida na Albânia sobre recursos online e multimédia no ensino e na aprendizagem (DeVoss, D., 2010, p. 12).

Os questionários incluem um número de 60 pessoas e estão estruturados de forma a recolher o máximo de informações sobre a sua experiência no mundo do multimédia, como por exemplo: a sua participação no tratamento dos vídeos, dos áudios, na programação de sítios Web, de blogues, etc.

Os questionários estão estruturados em dois modelos. Consistem em obter o nível de experiência relacionado com os multimédia no que diz respeito ao processamento de dados e se os sujeitos têm ou não a capacidade de aceder a estes recursos (Ivers, K.., & Barrron, A., 2014 p.46).

O primeiro modelo centra-se especificamente no nível de capacidade dos sujeitos da amostra em questões relacionadas com técnicas de processamento audiovisual, com blogues, etc. O segundo modelo levanta questões sobre a utilização do multimédia na aprendizagem e as experiências que as entidades têm com a educação para se apresentarem perante um auditor através de recursos multimédia.

Além disso, faz parte do modelo a hipótese que fornece informações sobre a tendência na Europa relativamente à utilização de multimédia e seus compostos, tais como a utilização de equipamento eletrónico de processamento de dados digitais, a utilização de blogues, etc. (Ivers, K., & Barron, A. 2011, p. 71).

A partir dos dados que possuímos, observamos que o nível de penetração da utilização da Internet é de 70,5% com um aumento de 454,2% de 2000 a 2014 (Clark, R., & M, Richard., 2011, p. 122).

Com base nestes dados que fazem parte da hipótese, serão apresentados os resultados e as tendências que os resultados obtidos têm no questionário.

1.3 Os resultados dos inquéritos

Os resultados dos inquéritos são estruturados em duas abordagens. Inicialmente, é refletido o primeiro modelo que fornece graficamente o nível de experiência que os sujeitos da amostra têm relativamente aos aspectos da utilização multimédia, tais como a experiência na utilização do software Microsoft PowerPoint, o tratamento de informações audiovisuais, a programação de blogues, etc.

Por uma questão de conveniência, apresentámos num quadro específico as experiências dos sujeitos relativamente aos multimédia e a letra correspondente.

Quadro 1 - *O quadro que associa as experiências dos sujeitos a uma letra correspondente para o primeiro modelo do questionário.*

A experiência do sujeito	**A letra correspondente**
Experiência em Power Point	A
Fazer um vídeo	B
Processamento de vídeo	C
Registo em áudio	D
Processamento de áudio	E
Experiência em blogues	F
Experiência de publicação em jornais / revistas científicas	G

Os dados apresentados de seguida resultam da amostragem de 60 indivíduos. Vejamos a Figura 3.

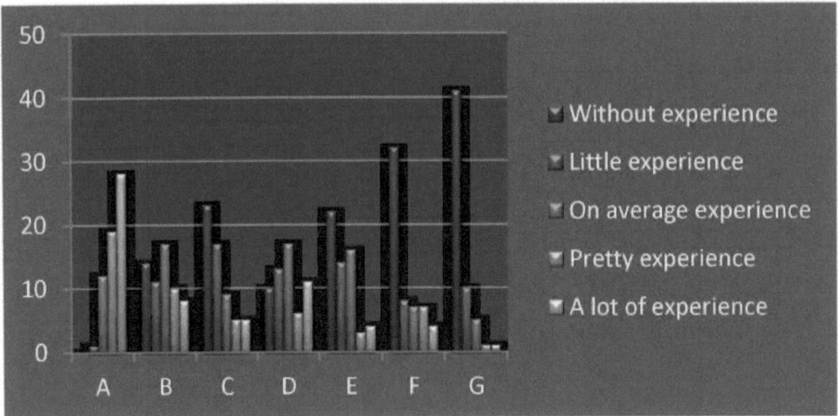

Figura 1. O gráfico que reflecte o nível de experiência dos sujeitos na utilização de recursos multimédia

Nesta figura, é de notar que o eixo das ordenadas exprime o número de pessoas que têm uma determinada experiência.

O quadro seguinte apresenta os dados da figura 3 em percentagem.

Tabela 2 - *A tabela que apresenta os dados da Figura 3 em percentagem*

A experiência do sujeito	**Sem experiência**	**Pouca experiência**	**Experiência média**	**Uma experiência bonita**	**Muita experiência**
Experiência em Power Point	0%	1.67%	20%	31.7%	46.7%
Fazer um vídeo	23.3%	18.3%	28.3%	16.7%	13.3%
Processamento de vídeo	38.9%	28.8%	15.3%	8.5%	8.5%

Registo em áudio	17.5%	22.8%	29.8%	10.5%	19.3%
Áudio processamento	37.3%	23.7%	27.1%	5.1%	6.8%
Experiência em blogue	55.2%	13.8%	12.1%	12.1%	6.9%
Experiência em publicações em jornais / revistas científicas	70.7%	17.2%	8.6%	1.7%	1.7%

Em primeiro lugar, note-se que a experiência dos sujeitos da amostra relativamente à utilização do software Power Point é elevada, o que é demonstrado pelo facto de 46,7% deles terem muita experiência na utilização deste programa como fonte de multimédia na aprendizagem.

Em relação aos recursos de vídeo, observamos que a maioria tem bastante experiência na realização de vídeos e isso mostra que as câmaras digitais de absorção visual são predominantes na maioria da população da Albânia (Tuggy, M. & Garcia, J., 2005, p.34). Além disso, vale a pena mencionar que a introdução dos smartphones, cujo preço diminui de dia para dia, faz com que todos os jovens estejam em contacto com estes recursos multimédia. No entanto, como se observa na tabela, não podemos dizer o mesmo em relação ao processamento de vídeos. A tabela mostra que 38,9% dos sujeitos não têm experiência em edição de vídeo. Isto acontece devido às necessidades de preparação e de outras fontes para criar a experiência no tratamento de vídeos. Concretamente, isto tem a ver com a utilização de programas distintos que vão desde os mais simples aos mais profissionais, utilizados para grandes projectos.

Além disso, observamos dados relacionados com o tratamento da informação áudio. Note-se que se trata praticamente da mesma situação que na aquisição e tratamento da informação vídeo. Neste caso, podemos observar que o processo de registo de áudio é mais popular do que o processamento de áudio. Salientamos que a variação do número de sujeitos amostrados, desde o nível inicial de experiência até ao nível avançado no que respeita ao processo de registo áudio, é algo monótona, não havendo grandes flutuações e, ao mesmo tempo, a experiência média é dominante neste processo. Por outro lado, no que respeita ao processamento da experiência áudio, é de notar que, tal como no caso do processamento vídeo, também neste caso temos uma percentagem esmagadora de sujeitos sem experiência.

Relativamente à questão da experiência de utilização de blogues em linha, esta situa-se obviamente a níveis baixos. Especificamente, 55,2% das pessoas, que foram submetidas ao questionário, não têm experiência em blogues (Peters, D. 2013, p. 103). Este é um indicador importante que consiste no facto de que mesmo a juventude albanesa ainda não penetrou na cultura da utilização de recursos em linha na aprendizagem. Se as fontes acima referidas indicam um nível de penetração que, nos países desenvolvidos, é elevado há muito tempo, a fonte em questão mostra a coerência da sociedade albanesa neste ponto.

Por fim, é também abordada a experiência dos jovens no que respeita à elaboração de artigos que são apresentados em diversos congressos nacionais ou internacionais ou mesmo em diferentes revistas científicas. Neste caso, a percentagem de pessoas sem experiência é dominante, sendo efetivamente de 70,7%. De facto, este é um ponto fraco do sistema educativo albanês no que diz respeito à educação dos jovens para o desenvolvimento de um artigo, uma investigação ou um projeto. Além disso, isto deve levar à falta de formação e informação sobre o estado de funcionamento das universidades da região em relação ao desenvolvimento da investigação científica. Trata-se aqui do facto de os países desenvolvidos criarem ambientes virtuais de colaboração entre os membros do grupo de trabalho para fazer avançar um projeto ou uma investigação, o que, claramente a partir dos resultados acima referidos, se encontra em níveis baixos no sistema educativo da Albânia.

Examinemos agora o segundo modelo de estruturação do questionário, que pretende saber se têm ou não a capacidade relacionada com a utilização de recursos multimédia.

Também neste caso, por conveniência, utilizaremos uma tabela que associa as experiências dos sujeitos da amostra a uma letra correspondente. A tabela é apresentada a seguir.

Tabela 3 - A tabela que relaciona as experiências dos sujeitos com uma letra correspondente no segundo modelo do questionário

A experiência do sujeito	**A letra correspondente**
Tem computador (desktop/laptop) em casa?	A
Já alguma vez fez apresentações contra um grupo?	B
Utiliza uma câmara digital, uma câmara de vídeo ou um projetor de vídeo?	C
Escreve ou já escreveu para um jornal ou revista de uma universidade?	D
Escreve ou já escreveu para um jornal ou revista de uma escola secundária?	E
Trabalha ou já trabalhou numa estação de televisão?	F
Trabalha ou já trabalhou numa estação de rádio?	G
Trabalha ou já trabalhou para um jornal?	H
Trabalha ou já trabalhou para um sítio Web?	I

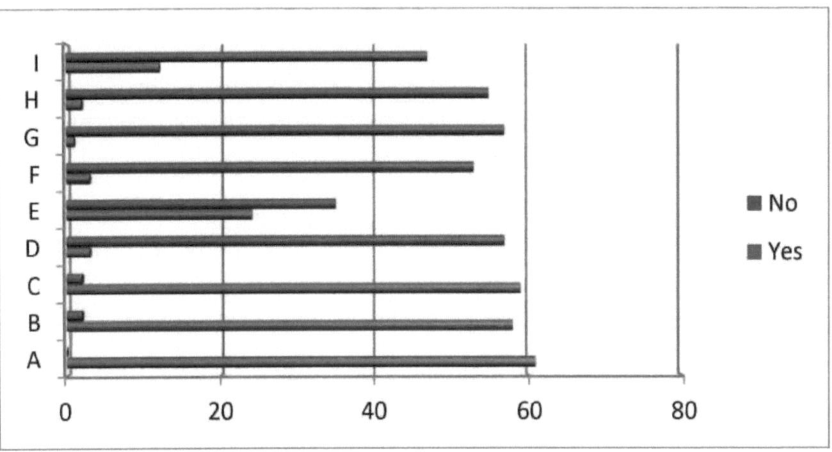

Figura 2. Gráfico que reflecte se os sujeitos da amostra utilizam ou não recursos multimédia

Relativamente às três primeiras questões levantadas neste modelo de questionário, observamos que os sujeitos mais questionados deram uma resposta positiva. Isto significa que estão empenhados na utilização do computador, dos dispositivos digitais que servem de fontes de multimédia na aprendizagem e, de facto, se apresentaram perante um determinado público. Em relação a este último aspeto, notamos que a sua experiência não é do tipo da apresentação dos resultados de uma investigação científica, mas trata-se da apresentação de passivos a temas desenvolvidos na universidade, na escola, etc. (Clark, R., & M, Richard., 2011, p. 89).

Como foi indicado no tratamento do primeiro modelo do questionário, a experiência dos sujeitos relacionada com o desenvolvimento de uma investigação científica é baixa e isso foi demonstrado neste modelo. Observamos que em 60 pessoas que foram submetidas ao questionário, apenas 3 delas deram uma resposta positiva (Mayer, R. 2009, p. 81). No entanto, deve dizer-se que, em termos das suas experiências relacionadas com o envolvimento durante o ensino secundário no que respeita às publicações, existem dados diferentes das experiências universitárias. Como mostra o gráfico B no ponto E, o número de pessoas que deram respostas positivas versus as respostas negativas não se altera muito.

As últimas quatro perguntas deste questionário destinam-se a obter um feedback sobre a experiência que os jovens possuem de serem profissionais no reconhecimento dos recursos multimédia e das principais instituições que utilizam estes recursos. Especificamente, os meios audiovisuais, os meios escritos e a Internet são os mais eficazes para reconhecer a importância que os recursos multimédia têm na aprendizagem.

Os resultados obtidos com este modelo mostram níveis muito baixos de envolvimento dos jovens no reconhecimento do impacto que o multimédia tem na aprendizagem e mesmo na vida quotidiana. Dos 60 sujeitos da amostra, apenas 1 deles trabalhou durante um período de tempo na rádio, 3 na televisão, 2 num jornal e 12 num sítio Web. Podemos observar que temos um maior número de pessoas que trabalharam num website do que nos meios audiovisuais ou na imprensa escrita. De facto, isto indica uma preferência dos jovens pela Internet e, ao mesmo tempo, um desvio em relação a outras fontes de obtenção de informação.

Capítulo 2 - A tendência de penetração da cultura digital

2.1 Introdução

A cultura digital consiste na fase contemporânea da tecnologia da informação e da comunicação, que é a continuação da cultura da impressão do século ^{XIX} e da cultura eletrónica do século ^{XX}; na verdade, esta é profundamente aplicada e acelerou a popularidade dos computadores ligados em rede, das tecnologias personalizadas e das imagens digitais.

A aceleração da cultura digital está normalmente associada a um conjunto de práticas baseadas nas tecnologias da informação e da comunicação que se vão tornar cada vez mais intensas. Este facto significa que há mais comportamentos de participação tanto do lado do utilizador como do lado visual.

A cultura digital assenta sobre as mudanças da aceleração do ambiente digital, as redes e as personalizações que utilizam essencialmente capacidades de compressão e de processamento. As consequências destes processos em termos sociais e meios através dos quais, as tecnologias transformam o nosso método de apresentação e interação, consistem no que se chama "cultura digital".

2.2 Metodologia e dados

Neste estudo, recolhemos amostras do intervalo 1.11.2015 (00.00)-30.11.2015(00.00). Assim, durante 30 dias, 24 horas por dia, procedemos à absorção dos dados do sistema online Servqual. O número de perguntas do questionário é 75 e o número de pessoas que foram objeto do inquérito é 64. O objetivo deste artigo é derivar e extrair a realidade da informação fornecida na Albânia sobre os recursos da cultura digital no ensino e na aprendizagem. Finalmente, considerámos também o caso de as pessoas diferirem no que diz respeito ao nível de educação, de modo a podermos extrair tanto quanto possível a realidade da penetração da cultura digital hoje em dia na Albânia.

2.3 Os resultados do inquérito

Nesta secção, tratamos em pormenor os resultados das 75 perguntas do inquérito.

Vamos dar com estes resultados:

1. Utilizou, nos últimos 12 meses, um computador/laptop/notebook fora da escola (por exemplo, em casa, em casa de um amigo, numa biblioteca pública, etc.)?

#	Answer		Response	%
1	Yes		60	97%
2	No		2	3%
	Total		62	100%

Estatísticas	Valor
Valor mínimo	1
Valor máximo	2
Média	1.03
Desvio	0.03
Desvio padrão	0.18
Total de respostas	62

2. Esteve nos últimos 12 meses na Internet fora da escola (por exemplo, em casa, em casa de um amigo, numa biblioteca pública, etc.)?

Estatísticas	Valor
Valor mínimo	1
Valor máximo	2
Média	1.03
Desvio	0.03
Desvio padrão	0.17
Total de respostas	65

#	Answer		Response	%
1	Yes		63	97%
2	No		2	3%
	Total		65	100%

3. Esteve nos últimos 3 meses na Internet fora da escola (por exemplo, em casa, em casa de um amigo, numa biblioteca pública, etc.)?

#	Answer		Response	%
1	Yes		59	91%
2	No		6	9%
	Total		65	100%

Estatísticas	Valor
Valor mínimo	1
Valor máximo	2
Média	1.09
Desvio	0.09
Desvio padrão	0.29
Total de respostas	65

4. Tem um computador de secretária sem acesso à Internet?

#	Answer		Response	%
1	Yes		62	95%
2	No		3	5%
	Total		65	100%

Estatísticas	Valor
Valor mínimo	1
Valor máximo	2

Média	1.05
Desvio	0.04
Desvio padrão	0.21
Total de respostas	65

5. Dispõe de um computador de secretária com acesso à Internet?

#	Answer		Response	%
1	Yes, at home		28	43%
2	Yes, in other places out of school		9	14%
3	They are not available		28	43%
	Total		65	100%

Valor mínimo	1
Valor máximo	3
Média	2.00
Desvio	0.88
Desvio padrão	0.94
Total de respostas	65

6. Utilizou notebook ou mini-computador ou notebook sem acesso à Internet?

#	Answer		Response	%
1	Yes, at home		46	71 %
2	Yes, in other places out of school		17	26 %
3	They are not available		2	3%
	Total		65	100 %

Estatísticas	Valor
Valor mínimo	1
Valor máximo	3
Média	1.32
Desvio	0.28
Desvio padrão	0.53
Total de respostas	65

7. Utilizou nos últimos 3 meses computadores, computadores portáteis/notebooks fora da escola (por exemplo, em casa, em casa de um amigo, na biblioteca pública, etc.)?

#	Answer		Response	%
1	Yes, at home		28	44%
2	Yes, in other places out of school		11	17%
3	They are not available		25	39%
	Total		64	100%

Estatísticas	Valor
Valor mínimo	1
Valor máximo	3
Média	1.95
Desvio	0.84
Desvio padrão	0.92
Total de respostas	64

8. Utiliza computadores, computadores portáteis/notebooks com acesso à Internet?

#	Answer		Response	%
1	Yes, at home		45	69%
2	Yes, in other places out of school		16	25%
3	They are not available		4	6%

Estatísticas	Valor
Valor mínimo	1
Valor máximo	3
Média	1.37

Desvio	0.36
Desvio padrão	0.60
Total de respostas	65

9. Utiliza leitores digitais (equipamento móvel dedicado à leitura de livros no monitor)?

#	Answer		Response	%
1	Yes, at home		21	32%
2	Yes, in other places out of school		20	31%
3	They are not available		24	37%
	Total		65	100%

Estatísticas	Valor
Valor mínimo	1
Valor máximo	3
Média	2.05
Desvio	0.70
Desvio padrão	0.84
Total de respostas	65

10. Utiliza jogos de vídeo (por exemplo, Xbox, PlayStation, Wi - Fi, etc.)?

#	Answer		Response	%
1	Yes, at home		13	20%
2	Yes, in other places out of school		19	29%
3	They are not available		33	51%
	Total		65	100%

Estatísticas	Valor
Valor mínimo	1
Valor máximo	3
Média	2.31
Desvio	0.62
Desvio padrão	0.79
Total de respostas	65

11) Tem telemóvel sem acesso à Internet?

#	Answer		Response	%
1	Yes, at home		21	32%
2	Yes, in other places out of school		9	14%
3	They are not available		35	54%
	Total		65	100%

Estatísticas	Valor
Valor mínimo	1

Valor máximo	3
Média	2.22
Desvio	0.83
Desvio padrão	0.91
Total de respostas	65

12. tem telemóvel com acesso à Internet?

#	Answer		Response	%
1	Yes, at home		39	61%
2	Yes, in other places out of school		24	38%
3	They are not available		1	2%
	Total		64	100%

Estatísticas	Valor
Valor mínimo	1
Valor máximo	3
Média	1.41
Desvio	0.28
Desvio padrão	0.53
Total de respostas	64

13) Utiliza um leitor de música/vídeo (leitor Mp3/Mp4)?

#	Answer		Response	%
1	Yes, at home		22	34%
2	Yes, in other places out of school		22	34%
3	They are not available		20	31%
	Total		64	100%

Estatísticas	Valor
Valor mínimo	1
Valor máximo	3
Média	1.97
Desvio	0.67
Desvio padrão	0.82
Total de respostas	64

14) Utiliza uma câmara de gravação digital?

#	Answer		Response	%
1	Yes, at home		22	34%
2	Yes, in other places out of school		22	34%
3	They are not available		20	31%
	Total		64	100%

Estatísticas	Valor
Valor mínimo	1

Valor máximo	3
Média	1.97
Desvio	0.67
Padrão	0.82
Desvio	
Total de respostas	64

15. Quantos anos consumiu utilizando o computador em casa ou em diferentes locais fora da escola?

#	Answer		Response	%
1	Lees then1 year		0	0%
2	1 - 4 years		3	5%
3	4 - 6 years		5	8%
4	More than 6 years		56	88%
	Total		64	100%

Estatísticas	Valor
Valor mínimo	2
Valor máximo	4
Média	3.83
Desvio	0.24
Desvio padrão	0.49
Total de respostas	64

16) Quando é que utiliza o seu computador de secretária sem à Internet?

#	Answer		Response	%
1	Never		28	44%
2	Sometimes during the month		11	17%
3	At least one time in a week		14	22%
4	Everyday or almost everyday		11	17%
	Total		64	100%

Estatísticas	Valor
Valor mínimo	1
Valor máximo	4
Média	2.13
Desvio	1.35
Desvio padrão	1.16
Total de respostas	64

17. Quando é que utiliza o seu computador de secretária sem acesso à Internet?

#	Answer		Response	%
1	Never		16	25%
2	Sometimes during the month		7	11%
3	At least one time in a week		9	14%
4	Everyday or almost everyday		32	50%
	Total		64	100%

Estatísticas	Valor

Valor mínimo	1
Valor máximo	4
Média	2.89
Desvio	1.62
Desvio padrão	1.27
Total de respostas	64

18. Quando é que utiliza o seu tablet, computador portátil ou computador sem acesso à Internet?

#	Answer		Response	%
1	Never		28	44%
2	Sometimes during the month		11	17%
3	At least one time in a week		15	24%
4	Everyday or almost everyday		9	14%
	Total		63	100%

Estatísticas	Valor
Valor mínimo	1
Valor máximo	4
Média	2.08
Desvio	1.27
Desvio padrão	1.13
Total de respostas	63

19. Quando é que utiliza o seu tablet, computador portátil ou computador com acesso à Internet?

#	Answer		Response	%
1	Never		7	11%
2	Sometimes during the month		15	23%
3	At least one time in a week		9	14%
4	Everyday or almost everyday		33	52%
	Total		64	100%

Estatísticas	Valor
Valor mínimo	1
Valor máximo	4
Média	3.06
Desvio	1.20
Desvio padrão	1.10
Total de respostas	64

20. Quando é que utiliza o seu leitor digital (a componente móvel para ler livros no ecrã)

#	Answer		Response	%
1	Never		31	50%
2	Sometimes during the month		19	31%
3	At least one time in a week		8	13%
4	Everyday or almost everyday		4	6%
	Total		62	100%

Estatísticas	Valor
Valor mínimo	1
Valor máximo	4
Média	1.76
Desvio	0.84
Desvio padrão	0.92
Total de respostas	62

21) Quando é que utiliza a sua máquina fotográfica digital ou câmara de vídeo?

#	Answer		Response	%
1	Never		32	50%
2	Sometimes during the month		22	34%
3	At least one time in a week		7	11%
4	Everyday or almost everyday		3	5%
	Total		64	100%

Estatísticas	Valor
Valor mínimo	1
Valor máximo	4
Média	1.70
Desvio	0.72
Desvio padrão	0.85
Total de respostas	64

22. quando é que utiliza o seu computador portátil ou o seu computador portátil trazido de casa?

#	Answer		Response	%
1	Never		15	23%
2	Sometimes during the month		23	36%
3	At least one time in a week		15	23%
4	Everyday or almost everyday		11	17%
	Total		64	100%

Estatísticas	Valor
Valor mínimo	1
Valor máximo	4
Média	2.34
Desvio	1.05
Desvio padrão	1.03
Total de respostas	64

23 *Quando é que utiliza os seus livros digitais e manuais escolares?*

#	Answer		Response	%
1	Never		15	23%
2	Sometimes during the month		23	36%
3	At least one time in a week		15	23%
4	Everyday or almost everyday		11	17%
	Total		64	100%

Estatísticas	Valor
Valor mínimo	1
Valor máximo	4
Média	1.92
Desvio	1.09
Desvio padrão	1.04
Total de respostas	64

24. Quando é que utiliza programas de exercícios, questionários e testes em linha, meios multimédia (por exemplo, PowerPoint, processamento de vídeo, gravação digital, etc.)?

#	Answer		Response	%
1	Never		29	45%
2	Sometimes during the month		19	30%
3	At least one time in a week		8	13%
4	Everyday or almost everyday		8	13%
	Total		64	100%

Estatísticas	Valor
Valor mínimo	1
Valor máximo	4
Média	2.09
Desvio	0.85
Desvio padrão	0.92
Total de respostas	64

25. *Quando é que utiliza meios de difusão (carregamentos no Youtube, etc.)*

#	Answer		Response	%
1	Never		20	31%
2	Sometimes during the month		26	41%
3	At least one time in a week		7	11%
4	Everyday or almost everyday		11	17%
	Total		64	100%

Estatísticas	Valor
Valor mínimo	1
Valor máximo	4
Média	2.14
Desvio	1.11
Desvio padrão	1.05
Total de respostas	64

26 Quando é que utiliza simulações computacionais (software interativo) que simulam fenómenos reais, onde pode fazer alterações e observar as consequências?

#	Answer		Response	%
1	Never		34	53%
2	Sometimes during the month		20	31%
3	At least one time in a week		6	9%
4	Everyday or almost everyday		4	6%
	Total		64	100%

Estatísticas	Valor
Valor mínimo	1
Valor máximo	4
Média	1.69
Desvio	0.79
Desvio padrão	0.89
Total de respostas	64

27 Quando é que utiliza jogos/vídeos/jogos digitais de aprendizagem, etc.?

#	Answer		Response	%
1	Never		34	53%
2	Sometimes during the month		20	31%
3	At least one time in a week		6	9%
4	Everyday or almost everyday		4	6%
	Total		64	100 %

Estatísticas	Valor
Valor mínimo	1
Valor máximo	4
Média	1.69
Desvio	0.79
Desvio padrão	0.89
Total de respostas	64

28) Quando é que utiliza o envio/receção de mensagens?

#	Answer		Response	%
1	Never		14	22%
2	Sometimes during the month		12	19%
3	At least one time in a week		11	17%
4	Everyday or almost everyday		27	42%
	Total		64	100%

Estatísticas	Valor
Valor mínimo	1
Valor máximo	4
Média	2.80
Desvio	1.47
Desvio padrão	1.21
Total de respostas	64

29. Quando é que conversa em linha sobre questões escolares?

#	Answer		Response	%
1	Never		10	16%
2	Sometimes during the month		22	34%
3	At least one time in a week		12	19%
4	Everyday or almost everyday		20	31%
	Total		64	100%

Estatísticas	Valor
Valor mínimo	1
Valor máximo	4
Média	1.69
Desvio	0.79
Desvio padrão	0.89
Total de respostas	64

30) Quando é que navega na Internet para recolher informações?

#	Answer		Response	%
1	Never		2	3%
2	Sometimes during the month		14	22%
3	At least one time in a week		13	20%
4	Everyday or almost everyday		35	55%
	Total		64	100%

Estatísticas	Valor
Valor mínimo	1
Valor máximo	4
Média	3.27
Desvio	0.83
Desvio padrão	0.91
Total de respostas	64

31. *Quando é que descarrega/carrega/navega no sítio Web da escola?*

#	Answer		Response	%
1	Never		17	27%
2	Sometimes during the month		16	25%
3	At least one time in a week		16	25%
4	Everyday or		15	23%

	almost everyday			
	Total		64	100%

Estatísticas	Valor
Valor mínimo	1
Valor máximo	4
Média	2.45
Desvio	1.27
Desvio padrão	1.13
Total de respostas	64

32.Quando é que publica os seus trabalhos no sítio Web da escola?

#	Answer		Response	%
1	Never		39	61%
2	Sometimes during the month		14	22%
3	At least one time in a week		6	9%
4	Everyday or almost everyday		5	8%
	Total		64	100%

Estatísticas	Valor
Valor mínimo	1
Valor máximo	4
Média	1.64
Desvio	0.90
Desvio padrão	0.95

Total de respostas	64

33. Quando é que participa em comunidades ou fóruns em linha relacionados com a área de estudo em que se insere?

#	Answer		Response	%
1	Never		22	34%
2	Sometimes during the month		21	33%
3	At least one time in a week		8	13%
4	Everyday or almost everyday		13	20%
	Total		64	100%

Estatísticas	Valor
Valor mínimo	1
Valor máximo	4
Média	2.19
Desvio	1.27
Padrão Desvio	1.13
Total de respostas	64

34. Quando é que participa na formação em linha da secção?

#	Answer		Response	%
1	Never		36	56%
2	Sometimes during the month		20	31%
3	At least one time in a week		5	8%
4	Everyday or almost everyday		3	5%
	Total		64	100%

Estatísticas	Valor
Valor mínimo	1
Valor máximo	4
Média	1.61
Desvio	0.69
Desvio padrão	0.83
Total de respostas	64

35) Quando é que envia uma mensagem de correio eletrónico a um aluno/professor?

#	Answer		Response	%
1	Never		17	27%
2	Sometimes during the month		30	47%
3	At least one time in a week		9	14%
4	Everyday or almost everyday		8	13%
	Total		64	100%

Estatísticas	Valor
Valor mínimo	1
Valor máximo	4
Média	2.13
Desvio	0.90
Desvio padrão	0.95
Total de respostas	64

36. Quando é que utiliza o computador quando trabalha em grupo?

#	Answer		Response	%
1	Never		7	11%
2	Sometimes during the month		22	34%
3	At least one time in a week		18	28%
4	Everyday or almost everyday		17	27%
	Total		64	100%

Estatísticas	Valor
Valor mínimo	1
Valor máximo	4
Média	2.70
Desvio	0.97
Desvio padrão	0.99
Total de respostas	64

37 Quando é que processou um questionário?

#	Answer		Response	%
1	Never		35	55%
2	Sometimes during the month		21	33%
3	At least one time in a week		5	8%
4	Everyday or almost everyday		3	5%
	Total		64	100%

Estatísticas	Valor
Valor mínimo	1
Valor máximo	4
Média	1.63
Desvio	0.68
Desvio padrão	0.83
Total de respostas	64

38. Quando é que utiliza os seus computadores quando realiza experiências (recolhe dados/imagens, guarda-os, documenta os resultados, etc.)?

#	Answer		Response	%
1	Never		16	25%
2	Sometimes during the month		29	45%
3	At least one time in a week		11	17%
4	Everyday or almost everyday		8	13%
	Total		64	100%

Estatísticas	Valor
Valor mínimo	1
Valor máximo	4
Média	2.17
Desvio	0.91
Desvio padrão	0.95
Total de respostas	64

39. Quando é que contribui e/ou cria blogues ou fóruns de discussão sobre questões escolares?

#	Answer		Response	%
1	Never		18	29%
2	Sometimes during the month		14	22%
3	At least one time in a week		17	27%
4	Everyday or almost everyday		14	22%
	Total		63	100%

Estatísticas	Valor
Valor mínimo	1
Valor máximo	4
Média	2.43
Desvio	1.28
Desvio padrão	1.13
Total de respostas	63

40. Quando é que recolhe informações em linha e as organiza em ficheiros para recuperar posteriormente?

#	Answer		Response	%
1	Never		7	11%
2	Sometimes during the month		22	34%
3	At least one time in a week		19	30%
4	Everyday or almost everyday		16	25%
	Total		64	100%

Estatísticas	Valor
Valor mínimo	1
Valor máximo	4
Média	2.69
Desvio	0.95
Desvio padrão	0.97
Total de respostas	64

41 Quando é que coloca os documentos electrónicos em pastas ou subpastas do computador?

#	Answer		Response	%
1	Never		11	17%
2	Sometimes during the month		22	34%
3	At least one time in a week		22	34%
4	Everyday or almost everyday		9	14%
	Total		64	100%

Estatísticas	Valor
Valor mínimo	1
Valor máximo	4
Média	2.45
Desvio	0.89
Desvio padrão	0.94
Total de respostas	64

42) Quando é que se cria uma base de dados?

#	Answer		Response	%
1	Never		5	8%
2	Sometimes during the month		24	38%
3	At least one time in a week		27	43%
4	Everyday or almost everyday		7	11%
	Total		63	100%

Estatísticas	Valor
Valor mínimo	1
Valor máximo	4
Média	2.57
Desvio	0.64
Desvio padrão	0.80
Total de respostas	63

43) Quando é que produz um texto utilizando programas de processamento de texto?

#	Answer		Response	%
1	Never		26	41%
2	Sometimes during the month		22	35%
3	At least one time in a week		11	17%
4	Everyday or almost everyday		4	6%
	Total		63	100%

Estatísticas	Valor
Valor mínimo	1
Valor máximo	4
Média	1.89
Desvio	0.84
Desvio padrão	0.92
Total de respostas	63

44. Em que medida processou digitalmente as fotografias e imagens?

#	Answer		Response	%
1	No		1	33%
2	A little		0	0%
3	Average		2	67%
4	A lot		0	0%
	Total		3	100%

Estatísticas	Valor
Valor mínimo	1
Valor máximo	3
Média	2.33
Desvio	1.33
Desvio padrão	1.15
Total de respostas	3

45) Em que medida processou em linha texto que contém ligações e imagens da Internet?

#	Answer		Response	%
1	No		0	0%
2	A little		1	33%
3	Average		2	67%
4	A lot		0	0%
	Total		3	100%

Estatísticas	Valor
Valor mínimo	2
Valor máximo	3
Média	2.67
Desvio	0.33
Desvio padrão	0.58
Total de respostas	3

46) Quanto é que criou apresentações de animação?

#	Answer		Response	%
1	No		15	23%
2	A little		20	31%
3	Average		18	28%
4	A lot		11	17%
	Total		64	100%

Estatísticas	Valor
Valor mínimo	1
Valor máximo	4
Média	2.39
Desvio	1.07
Desvio padrão	1.03
Total de respostas	64

47) *Em que medida criou apresentações multimédia?*

#	Answer		Response	%
1	No		14	22%
2	A little		22	34%
3	Average		19	30%
4	A lot		9	14%
	Total		64	100%

Estatísticas	Valor
Valor mínimo	1
Valor máximo	4

Média	2.36
Desvio	0.96
Desvio padrão	0.98
Total de respostas	64

48) Em que medida participou num fórum de discussão em linha na Internet?

#	Answer		Response	%
1	No		22	34%
2	A little		24	38%
3	Average		8	13%
4	A lot		10	16%
	Total		64	100%

Estatísticas	Valor
Valor mínimo	1
Valor máximo	4
Média	2.09
Desvio	1.10
Desvio padrão	1.05
Total de respostas	64

49) Quanto criou de blogues?

#	Answer		Response	%
1	No		33	52%
2	A little		19	30%
3	Average		9	14%
4	A lot		3	5%
	Total		64	100%

Estatísticas	Valor
Valor mínimo	1
Valor máximo	4
Média	1.72
Desvio	0.78
Desvio padrão	0.88
Total de respostas	64

50. Quanto custa a instalação de um programa informático?

#	Answer		Response	%
1	No		6	9%
2	A little		13	20%
3	Average		23	36%
4	A lot		22	34%
	Total		64	100%

Estatísticas	Valor
Valor mínimo	1

Valor máximo	4
Média	2.95
Desvio	0.93
Desvio padrão	0.97
Total de respostas	64

51) Em que medida participou em redes sociais e utilizou os seus serviços?

#	Answer		Response	%
1	No		2	3%
2	A little		18	28%
3	Average		27	42%
4	A lot		17	27%
	Total		64	100 %

Estatísticas	Valor
Valor mínimo	1
Valor máximo	4
Média	2.92
Desvio	0.68
Desvio padrão	0.82
Total de respostas	64

52) Em que medida utilizou a Internet de forma segura para se proteger dos atacantes?

#	Answer		Response	%
1	No		3	5%
2	A little		15	24%
3	Average		24	38%
4	A lot		21	33%
	Total		63	100 %

Estatísticas	Valor
Valor mínimo	1
Valor máximo	4
Média	3.00
Desvio	0.75
Desvio padrão	0.88
Total de respostas	63

53) Em que medida utilizou a Internet de uma forma segura para proteger a sua privacidade?

#	Answer		Response	%
1	No		2	3%
2	A little		13	21%
3	Average		20	32%
4	A lot		28	44%
	Total		63	100 %

Estatísticas	Valor
Valor mínimo	1
Valor máximo	4

Média	3.17
Desvio	0.76
Desvio padrão	0.87
Total de respostas	63

54) Em que medida utilizou a Internet de forma segura para proteger a sua reputação?

#	Answer		Response	%
1	No		2	3%
2	A little		11	17%
3	Average		22	35%
4	A lot		28	44%
	Total		63	100 %

Estatísticas	Valor
Valor mínimo	1
Valor máximo	4
Média	3.06
Desvio	0.69
Desvio padrão	0.83
Total de respostas	64

55) Em que medida utilizou a Internet de forma segura para proteger a reputação dos outros?

#	Answer		Response	%
1	No		5	8%
2	A little		13	21%
3	Average		27	43%
4	A lot		18	29%
	Total		63	100 %

Estatísticas	Valor
Valor mínimo	1
Valor máximo	4
Média	2.92
Desvio	0.82
Desvio padrão	0.90
Total de respostas	63

56) Em que medida utilizou a Internet de uma forma segura para respeitar a reputação dos outros?

#	Answer		Response	%
1	No		3	5%
2	A little		11	17%
3	Average		29	45%
4	A lot		21	33%
	Total		64	100 %

Estatísticas	Valor
Valor mínimo	1
Valor máximo	4

Média	3.06
Desvio	0.69
Desvio padrão	0.83
Total de respostas	64

57) Em que medida utilizou a informação encontrada na Internet sem cometer plágio (por exemplo, copiar/colar, diferentes projectos, publicações, etc.)?

#	Answer		Response	%
1	No		8	13%
2	A little		15	23%
3	Average		28	44%
4	A lot		13	20%
	Total		64	100%

Estatísticas	Valor
Valor mínimo	1
Valor máximo	4
Média	2.72
Desvio	0.87
Desvio padrão	0.93
Total de respostas	64

58. Quanto é que se regista e participa em programas de formação em linha?

#	Answer		Response	%
1	No		15	23%
2	A little		23	36%
3	Average		16	25%
4	A lot		10	16%
	Total		64	100 %

Estatísticas	Valor
Valor mínimo	1
Valor máximo	4
Média	2.33
Desvio	1.02
Desvio padrão	1.01
Total de respostas	64

59) Em que medida identificou sítios Web com possibilidades de formação?

#	Answer		Response	%
1	No		12	19%
2	A little		18	28%
3	Average		24	38%
4	A lot		10	16%
	Total		64	100 %

Estatísticas	Valor
Valor mínimo	1
Valor máximo	4

Média	2.50
Desvio	0.95
Desvio padrão	0.98
Total de respostas	64

60) Quanto é que publicou o seu perfil ou CV num sítio Web de um caçador de talentos?

#	Answer		Response	%
1	No		10	16%
2	A little		22	34%
3	Average		18	28%
4	A lot		14	22%
	Total		64	100 %

Estatísticas	Valor
Valor mínimo	1
Valor máximo	4
Média	2.56
Desvio	1.01
Desvio padrão	1.01
Total de respostas	64

61. Quanto é que tenta nos exercícios que faz durante a aprendizagem?

#	Answer		Response	%
1	No		8	13%
2	A little		15	24%
3	Average		30	48%
4	A lot		9	15%
	Total		62	100 %

Estatísticas	Valor
Valor mínimo	1
Valor máximo	4
Média	2.65
Desvio	0.79
Desvio padrão	0.89
Total de respostas	62

62. sente-se independente durante a aprendizagem (por exemplo, continua a trabalhar, descobre mais do que aquilo que lhe interessa)?

#	Answer		Response	%
1	No		4	6%
2	A little		14	22%
3	Average		30	47%
4	A lot		16	25%
	Total		64	100%

Estatísticas	Valor
Valor mínimo	1
Valor máximo	4
Média	2.91

Desvio	0.72
Desvio padrão	0.85
Total de respostas	64

63. quanto é que aprende de forma mais simples?

#	Answer		Response	%
1	No		7	11%
2	A little		6	9%
3	Average		30	47%
4	A lot		21	33%
	Total		64	100 %

Estatísticas	Valor
Valor mínimo	1
Valor máximo	4
Média	3.02
Desvio	0.87
Desvio padrão	0.93
Total de respostas	64

64. Quanto é que se concentra quando está a aprender?

#	Answer		Response	%
1	No		12	19%
2	A little		9	14%
3	Average		29	45%
4	A lot		14	22%
	Total		64	100%

Estatísticas	Valor

Valor mínimo	1
Valor máximo	4
Média	2.70
Desvio	1.04
Desvio padrão	1.02
Total de respostas	64

65) Até que ponto se lembra das coisas que aprendeu?

#	Answer		Response	%
1	No		6	10%
2	A little		10	16%
3	Average		27	44%
4	A lot		19	31%
	Total		62	100%

Estatísticas	Valor
Valor mínimo	1
Valor máximo	4
Média	2.95
Desvio	0.87
Desvio padrão	0.93
Total de respostas	62

66) Em que medida é que as TIC permitem trabalhar melhor com os alunos em tarefas definidas?

#	Answer		Response	%
1	No		3	5%
2	A little		8	13%
3	Average		26	41%
4	A lot		27	42%
	Total		64	100%

Statistic	Value
Min Value	1
Max Value	4
Mean	3.20
Variance	0.70
Standard Deviation	0.84
Total Responses	64

67 Em que medida é que as TIC melhoram o ambiente na sala de aula (por exemplo, os alunos estão mais concentrados)?

#	Answer		Response	%
1	No		6	9%
2	A little		13	20%
3	Average		29	45%
4	A lot		16	25%
	Total		64	100%

Estatísticas	Valor
Valor mínimo	1
Valor máximo	4
Média	2.86

Desvio	0.82
Desvio padrão	0.91
Total de respostas	64

68) Para si, qual é a importância de trabalhar com o computador enquanto aprende?

#	Answer		Response	%
3	No		30	47%
4	A little		10	16%
1	Average		7	11%
2	A lot		17	27%
	Total		64	100%

Estatísticas	Valor
Valor mínimo	1
Valor máximo	4
Média	2.67
Desvio	0.76
Desvio padrão	0.87
Total de respostas	64

69) Qual é o seu grau de entretenimento ao utilizar o computador?

#	Answer		Response	%
1	No		6	9%
2	A little		15	23%
3	Average		40	63%
4	A lot		3	5%
	Total		64	100%

Estatísticas	Valor
Valor mínimo	1
Valor máximo	4
Média	2.63
Desvio	0.52
Desvio padrão	0.72
Total de respostas	64

70 - Utilizo os computadores para aprender porque me interesso muito por eles

#	Answer		Response	%
1	I absolutely disagree		5	8%
2	I disagree		20	31%
3	I agree		33	52%
4	I absolutely agree		6	9%
	Total		64	100 %

Estatísticas	Valor
Valor mínimo	1
Valor máximo	4
Média	2.63
Desvio	0.59
Desvio padrão	0.75
Total de respostas	64

71. perco a noção do tempo quando estou a aprender com computador

#	Answer		Response	%
1	I absolutely disagree		6	9%
2	I disagree		21	33%
3	I agree		28	44%
4	I absolutely agree		9	14%
	Total		64	100%

Estatísticas	Valor
Valor mínimo	1
Valor máximo	4
Média	2.63
Desvio	0.71
Desvio padrão	0.85
Total de respostas	64

72. aprendo coisas diferentes, utilizando o computador, o que melhora as minhas competências profissionais.

#	Answer		Response	%
1	I absolutely disagree		2	3%
2	I disagree		5	8%
3	I agree		35	55%
4	I absolutely agree		22	34%
	Total		64	100 %

Estatísticas	Valor
Valor mínimo	1
Valor máximo	4
Média	3.20
Desvio	0.51
Desvio padrão	0.72
Total de respostas	64

73. o seu género é:

#	Answer		Response	%
1	Male		30	47%
2	Female		34	53%
	Total		64	100 %

74. O teu ano de nascimento é:

#	Answer		Response	%
1	Before 1990		47	73%
2	1991		5	8%
3	1992		8	13%
4	1993		0	0%
5	1994		1	2%
6	1995		1	2%
7	1996		1	2%
8	1997		0	0%
9	After 1997		1	2%
	Total		64	100%

75. O seu mês de nascimento é:

#	Answer		Response	%
1	January		4	6%
2	February		5	8%
3	March		7	11%
4	April		5	8%
5	May		6	9%
6	June		7	11%
7	July		6	9%
8	August		6	9%
9	September		5	8%
10	October		3	5%
11	November		4	6%
12	Dicember		6	9%
	Total		64	100 %

Estatísticas	Valor
Valor mínimo	1
Valor máximo	12
Média	6.38
Desvio	11.10
Desvio padrão	3.33
Total de respostas	64

76. nasceu no mesmo local onde atualmente frequenta ou frequentou a escola?

#	Answer		Response	%
1	Yes		27	43%
2	No		36	57%
	Total		63	100 %

Estatísticas	Valor
Valor mínimo	1
Valor máximo	2
Média	1.57
Desvio	0.25
Desvio padrão	0.50
Total de respostas	63

77. *Qual das áreas de estudo abaixo mencionadas é a adequada para si?*

#	Answer		Response	%
1	Agriculture, forester, fishing		1	2%
2	Engineering, production		30	47%
3	Health, education, social working		8	13%
4	Economics, finance, business administration		14	22%
5	Else		11	17%
	Total		64	100%

Conclusões

No primeiro capítulo, discutimos a questão da utilização dos recursos multimédia e em linha na aprendizagem. O documento apresenta resultados quantitativos do nível de utilização de multimédia e, com base nestes resultados, é feita uma comparação com os resultados da utilização da Internet e de multimédia na Europa (David, A., & Pentak, S. 2006, p. 34).

O documento está estruturado com base na amostragem através da aplicação de um questionário a um grupo populacional. O inquérito inclui um número de 60 pessoas e é constituído por dois modelos. Estes modelos estão relacionados, respetivamente, com a obtenção do nível de experiência relacionado com o processamento de dados multimédia e com a capacidade de acesso a estes recursos (Cheng, I., & Vicent Safont, L. 2010, p. 57).

Além disso, parte da metodologia de modelação é a hipótese que fornece informações sobre a tendência na Europa da utilização do multimédia e dos seus ingredientes (Mayer, R. 2001, p. 56). Com base nesta hipótese, fizemos a comparação e as tendências em relação ao nível de penetração do multimédia na Albânia.

Os resultados do questionário indicam que 46,7% dos sujeitos da amostra têm mais experiência na utilização do software Power Point como fonte multimédia e 38,9% não têm experiência na edição de vídeo. Além disso, 55,2% dos sujeitos da amostra não têm experiência na criação de blogues.

Comparando os resultados da hipótese em que 70,5% da população tem acesso à Internet, observamos que o caso da Albânia representa a tendência crescente deste indicador. Isto significa que a tendência está a aumentar, mas ainda há margem para melhorias.

Além disso, os dados da hipótese sugerem que mais de 75% da população na Europa tem muita experiência na utilização de dispositivos portáteis e móveis para aceder à Internet. Além disso, este indicador dá a entender que a tendência vai no sentido do aumento, mas ainda há trabalho a fazer.

No segundo capítulo, permitimos uma abordagem da situação real da penetração da cultura digital na Albânia. Na verdade, temos a ver com o conceito prático desta penetração, que é evidente nos resultados do questionário tratado acima.

Neste estudo, recolhemos amostras do intervalo 1.11.2015 (00.00)-30.11.2015(00.00). Assim, durante 30 dias, 24 horas por dia, procedemos à absorção dos dados do sistema online Servqual. O número de perguntas do questionário é 77 e o número de pessoas que foram objeto do inquérito é 64.

A cultura contemporânea caracteriza-se basicamente (entre outras coisas) pela instantaneidade, pela interpretação local de conteúdos globalizados (e uniformes), bem como pela presença mundial de símbolos e ícones da cultura de massas. Para além das caraterísticas acima mencionadas, são apresentadas em seguida outras caraterísticas. Os elementos digitais são criados de muitas maneiras: principalmente com a ajuda de computadores, mas as câmaras digitais empurraram os dispositivos tradicionais para segundo plano, os nossos telefones são adequados para gravar imagens (em movimento) e som, e há uma transição digital na televisão e na rádio. Os computadores deixaram de ser utilizados apenas como instrumentos para nos fornecerem informação digital na nossa vida privada e passaram também a determinar a nossa vida pública através da administração pública em linha, da saúde em linha, etc. Além disso, todos os "átomos" dos mundos virtuais, que desempenharão um papel cada vez mais importante no futuro, são digitais. O computador, os objectos digitais, a Internet e, mais tarde, a banda larga criaram novos choques culturais, e tudo isto nos últimos vinte anos. Nunca antes a humanidade - devido ao impacto da globalização, podemos falar de toda a humanidade e não apenas de algumas nações - experimentou tantas e tão profundas mudanças num período tão curto.

Referências

[1] Alessi, S., & Trollip, S. (2000) *Multimedia for Learning: Métodos e Desenvolvimento*

[2] Andresen, B., & van den Brink, K. (2013). *Multimédia na educação, Currículo.*

[3] Cheng, I., & Vicent Safont, L. (2010) *Multimédia na Educação: Aprendizagem adaptativa e testes*

[4] Clark, R., & M, Richard. (2011) *e-Learning e a Ciência da Instrução: Orientações comprovadas para consumidores e criadores de aprendizagem multimédia*

[5] David, A., & Pentak, S. (2006) *LauerDesign Basics, Edição Multimédia*

[6] DeVoss, D. (2010*) Because Digital Writing Matters: Melhorar a escrita dos alunos em ambientes online e multimédia*

[7] Ivers, K., & Barron, A. (2011) *Projectos Multimédia na Educação: Conceber, Produzir e Avaliar*

[8]Ivers, K., & Barrron, A. (2014) *Projectos multimédia na educação: Conceber, Produzir e Avaliar.*

[9] Mayer, R. (2001) *Aprendizagem multimédia*

[10] Mayer, R. (2009) *Aprendizagem multimédia*

[11] Peters, D. (2013) *Design de interfaces para a aprendizagem: Estratégias de design para experiências de aprendizagem (Voices That Matter)*

[12] Tuggy, M. & Garcia, J. (2005) *Multimedia Primary Care Procedures: DVD, Online, e Manual de Procedimentos de Bolso*

Printed by Books on Demand GmbH, Norderstedt / Germany